Preface

COLOR WEEK-Fashion Coloring Book은 대구대학교 패션디자인학과의 2016년 '디자인과 색채' 수업에서 기획된 동아리 활동의 결과물입니다.

수업을 진행하면서 색채 이론을 패션디자인에 자유롭게 적용할 수 있는 방안을 고안하던 중, 시판중인 패션 컬러링 북을 활용하였었는데, 색을 칠하며 즐거워 하는 학생들을 보면서, 우리가 직접 그림을 그릴 수 있는 책을 만들어 활용해야 겠다는 생각을 하게 되었습니다.

정다운, 최승주, 강수빈, 김지은, 변혜진 5명의 학생들과 함께 테마를 구성하고 그림을 그리는 작업은 저에게 있어서도 매우 신선한 경험이었으며, 무엇보다 학생들이 흥미를 가지고 열정적으로 책을 만들어가는 모습을 지켜보는 것이 가장 큰 즐거움이었습니다.

이 책으로 공부하는 학생들과 잠재력이 무한한 젊은 작가들의 앞날이 밝게 빛나기를 기원하며, 출간되기까지 도와주신 도서출판 **일진사** 임직원 여러분께 진심으로 감사드립니다.

대표 저자

Contents

Stripe

Byeon Hyejin

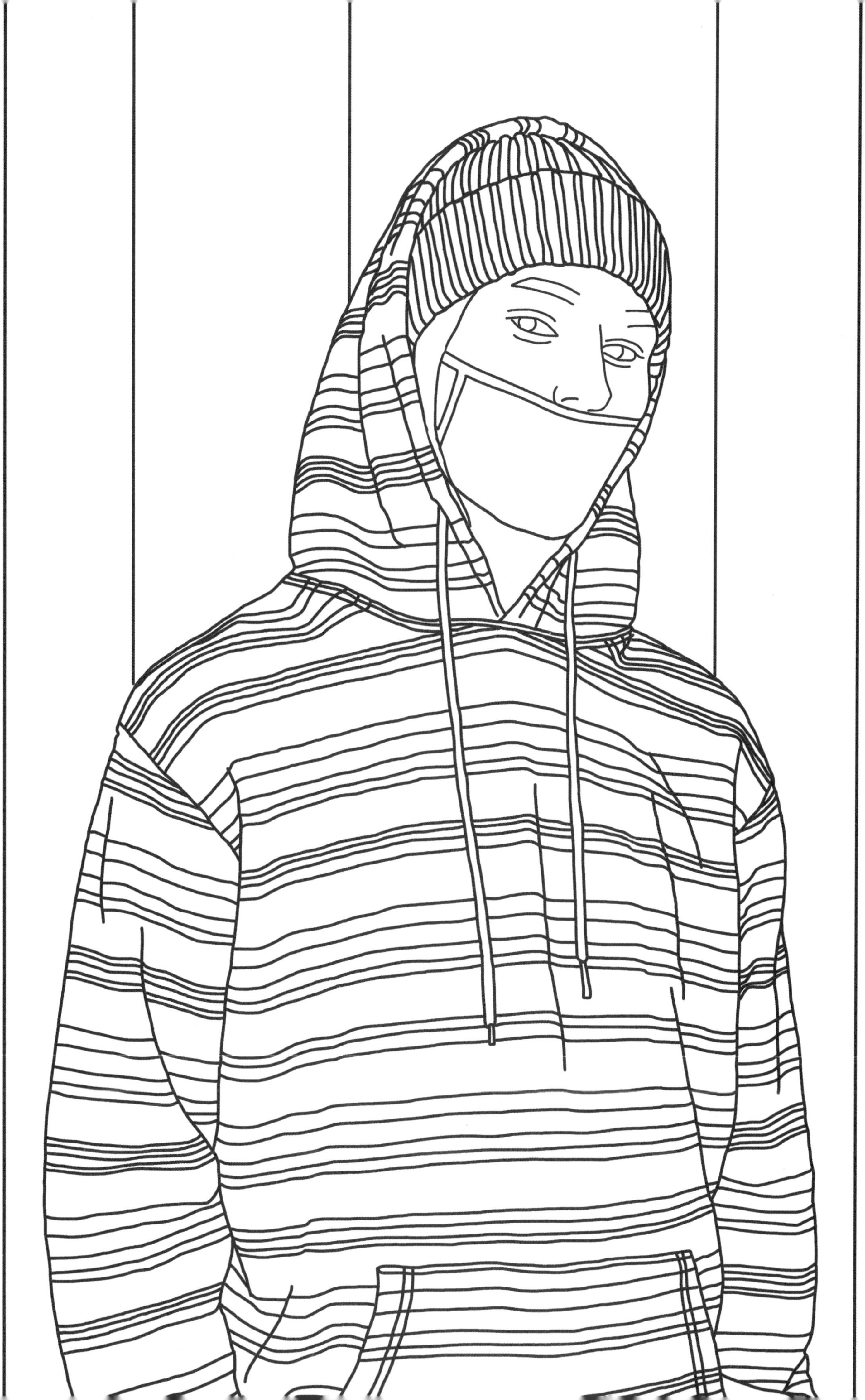

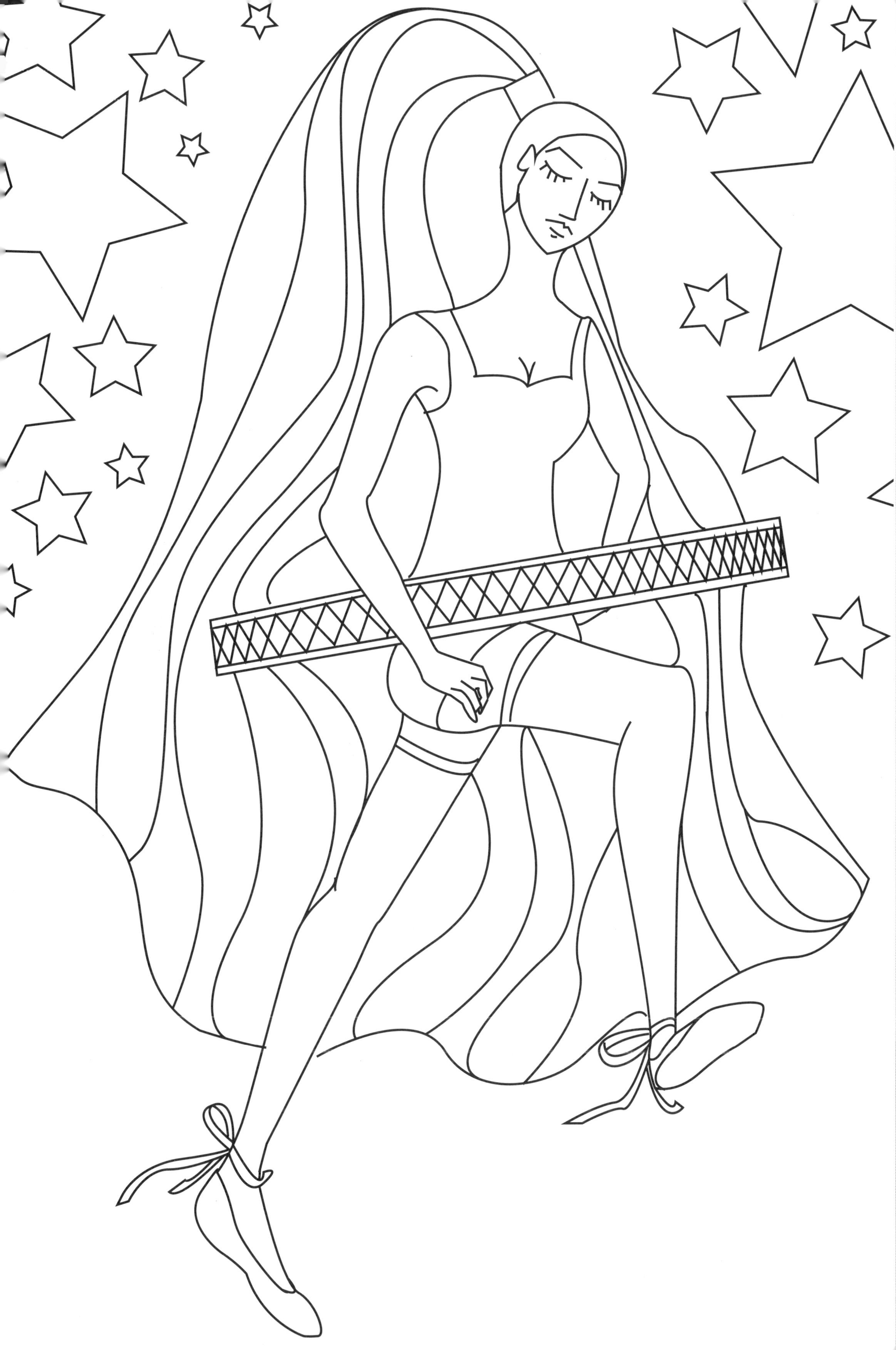

Half and half

Choi Seungju

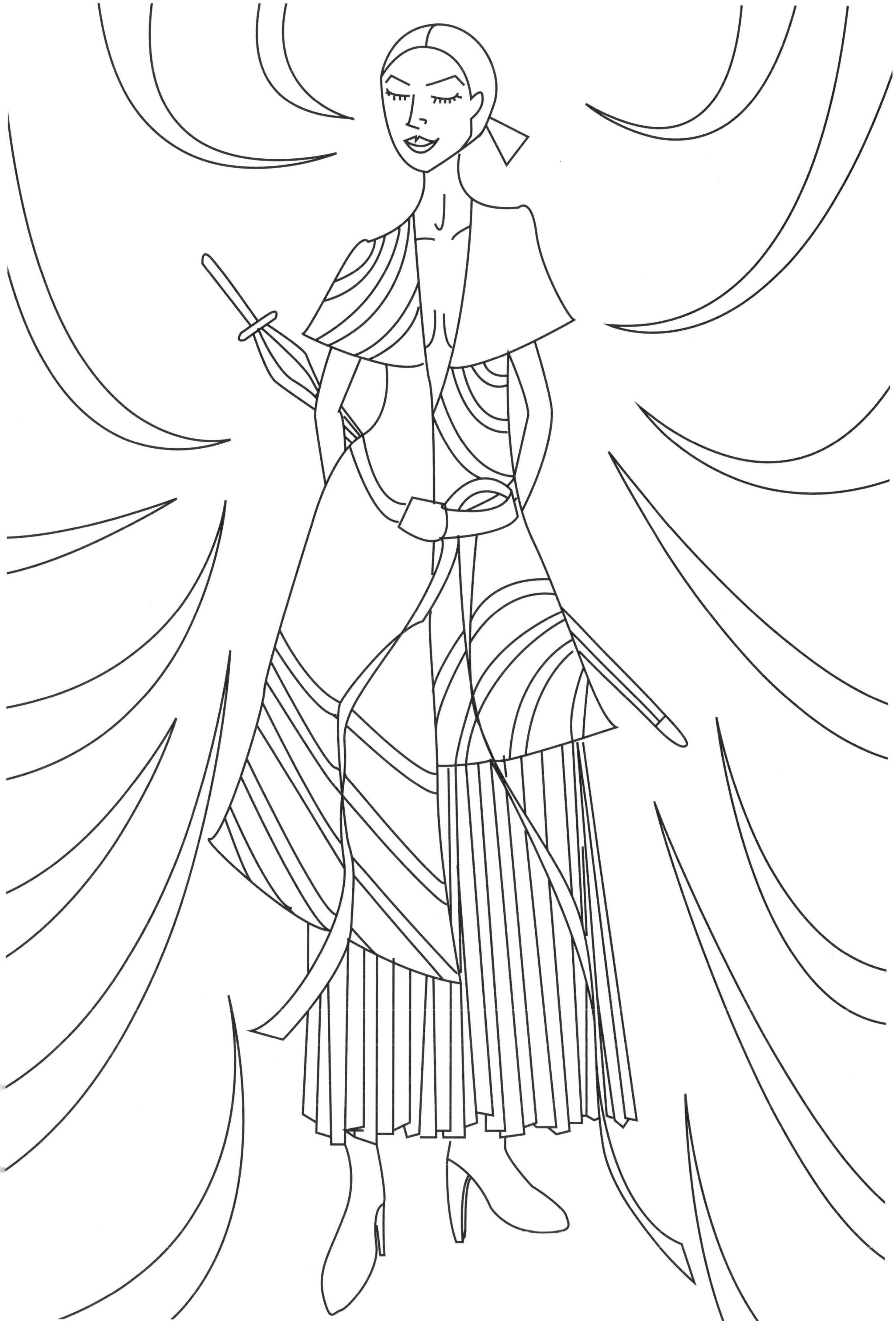

Sukajan

Byeon Hyejin

Off Shoulder

Jeong Daun

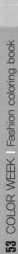

Two
Piece

Kim jieun

Kang Subin

slip-on

Kang Subin

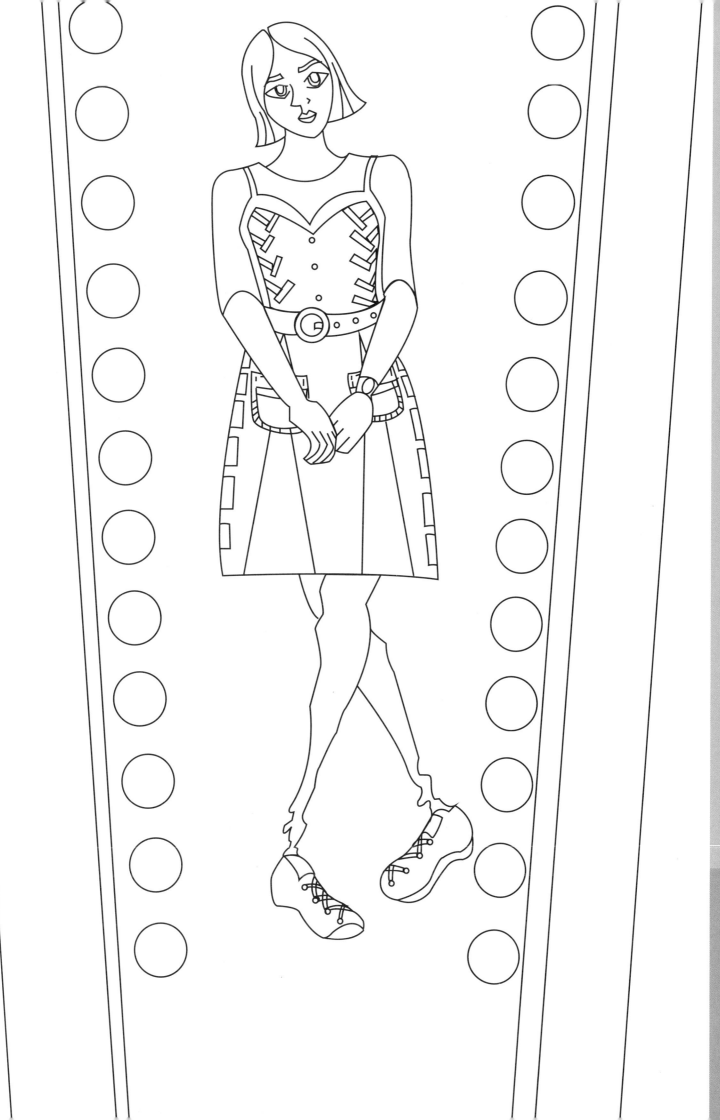

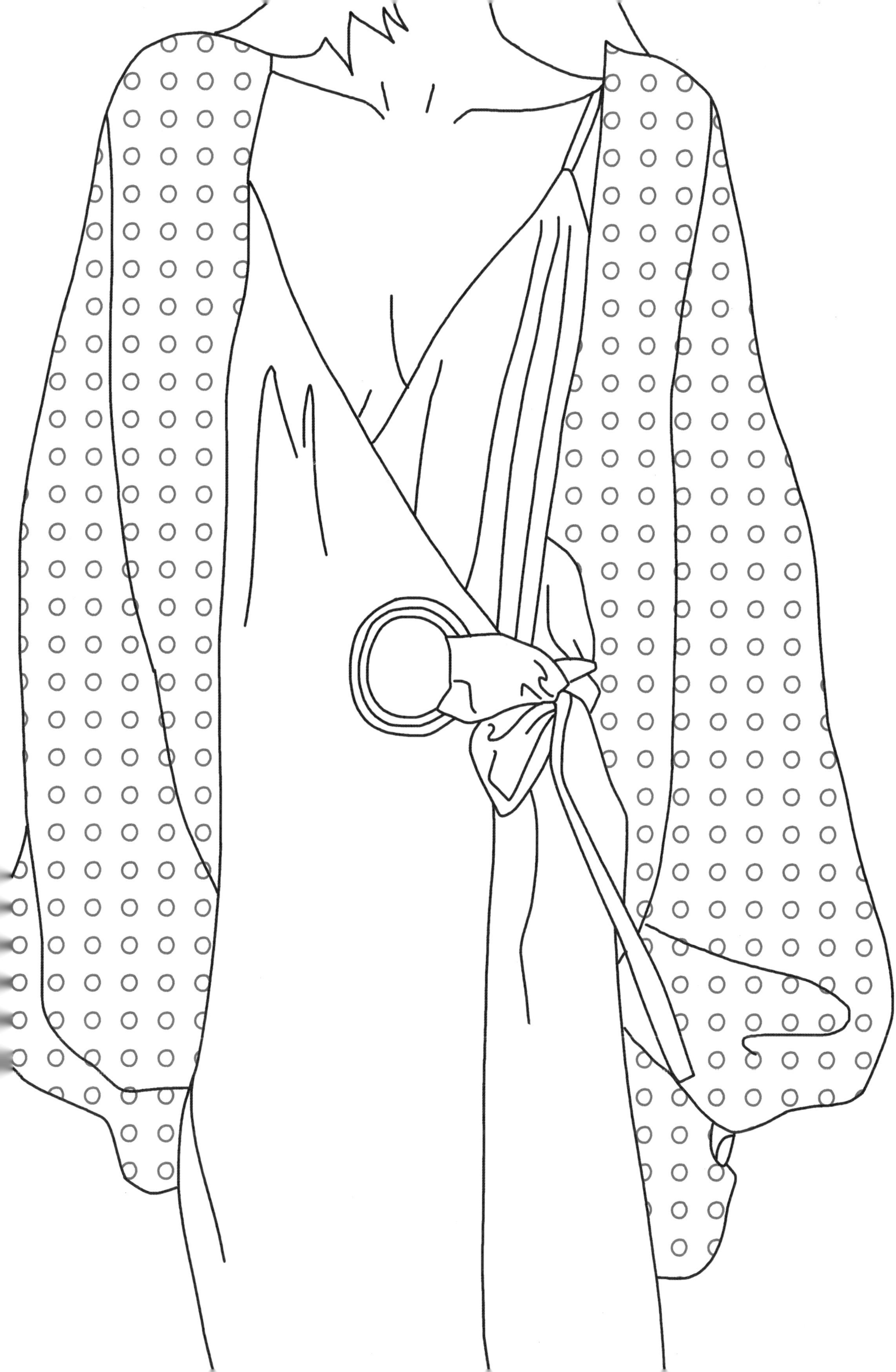

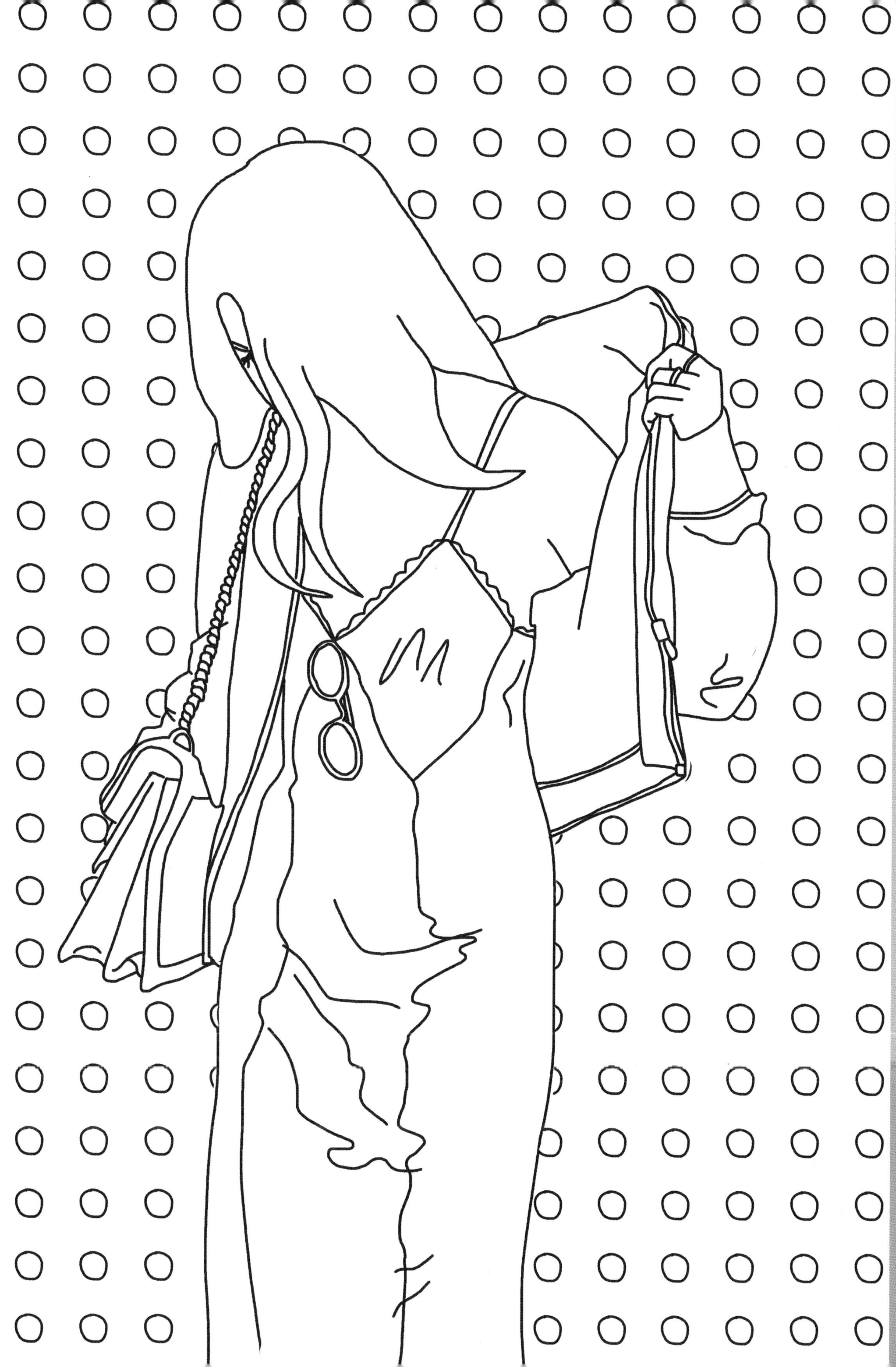

RUffle

Kim Jieun

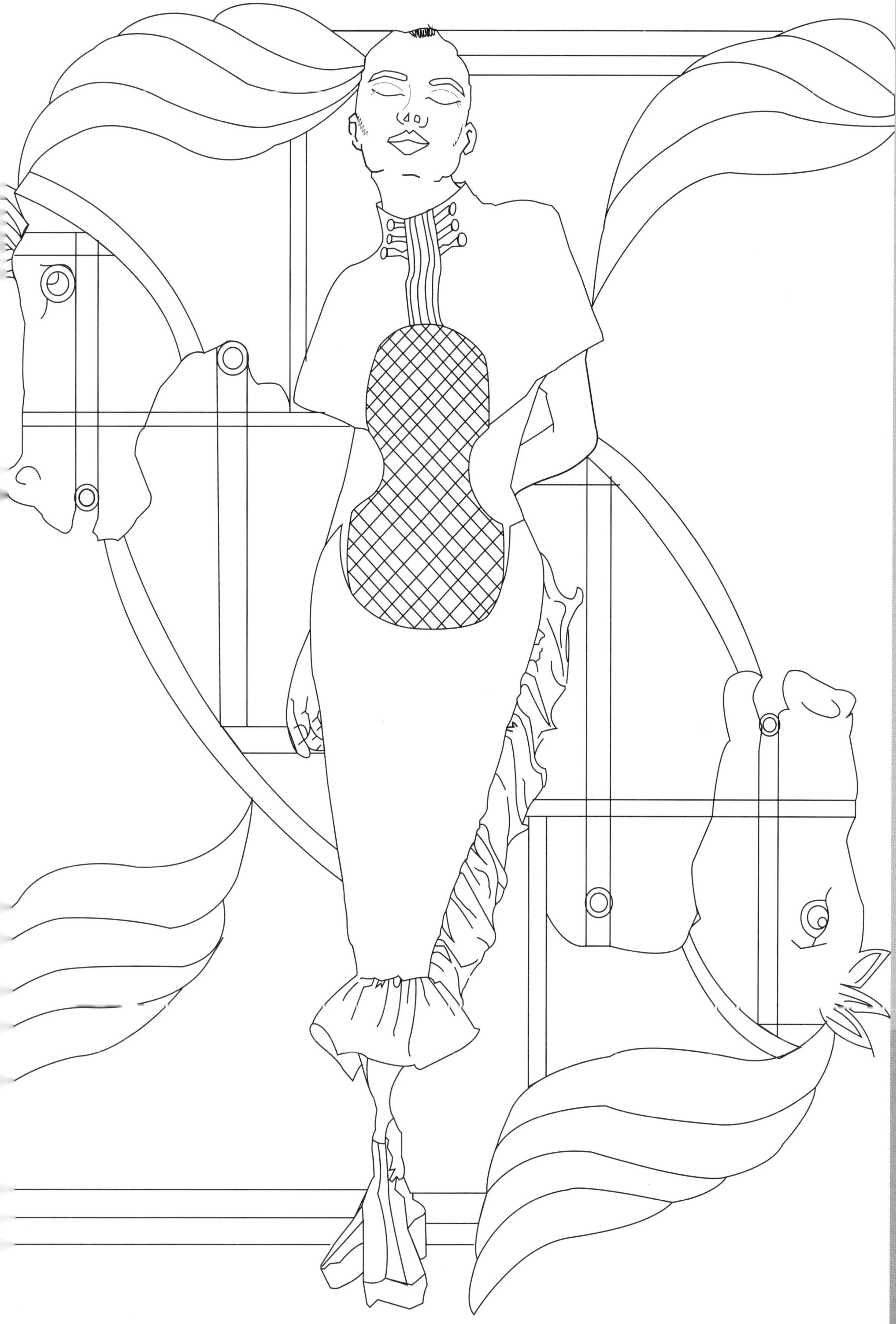

Back
Open

Choi Seungju

Evening

Lim Jiah

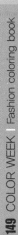

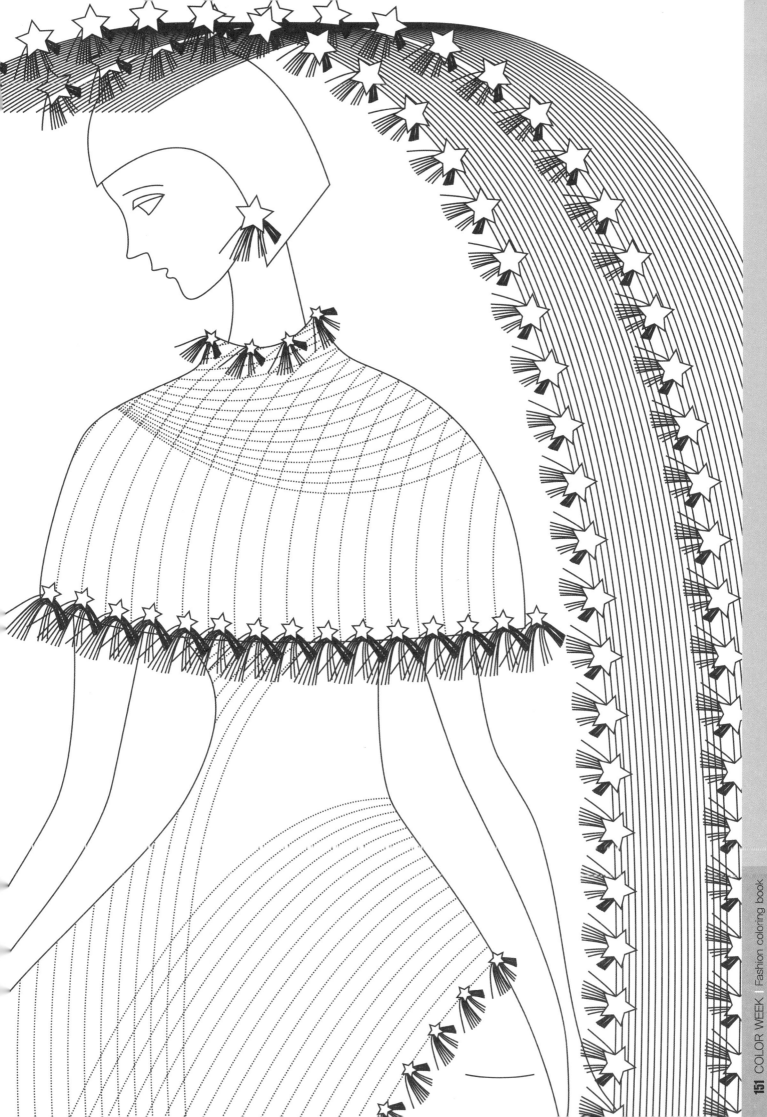

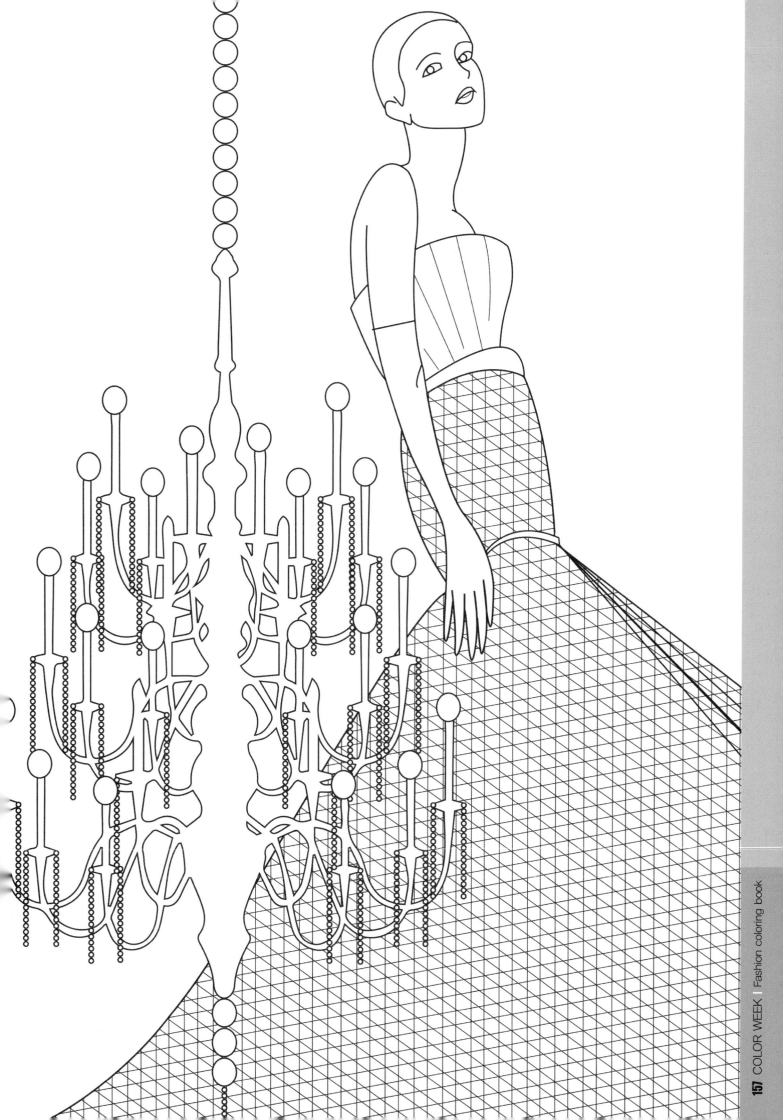

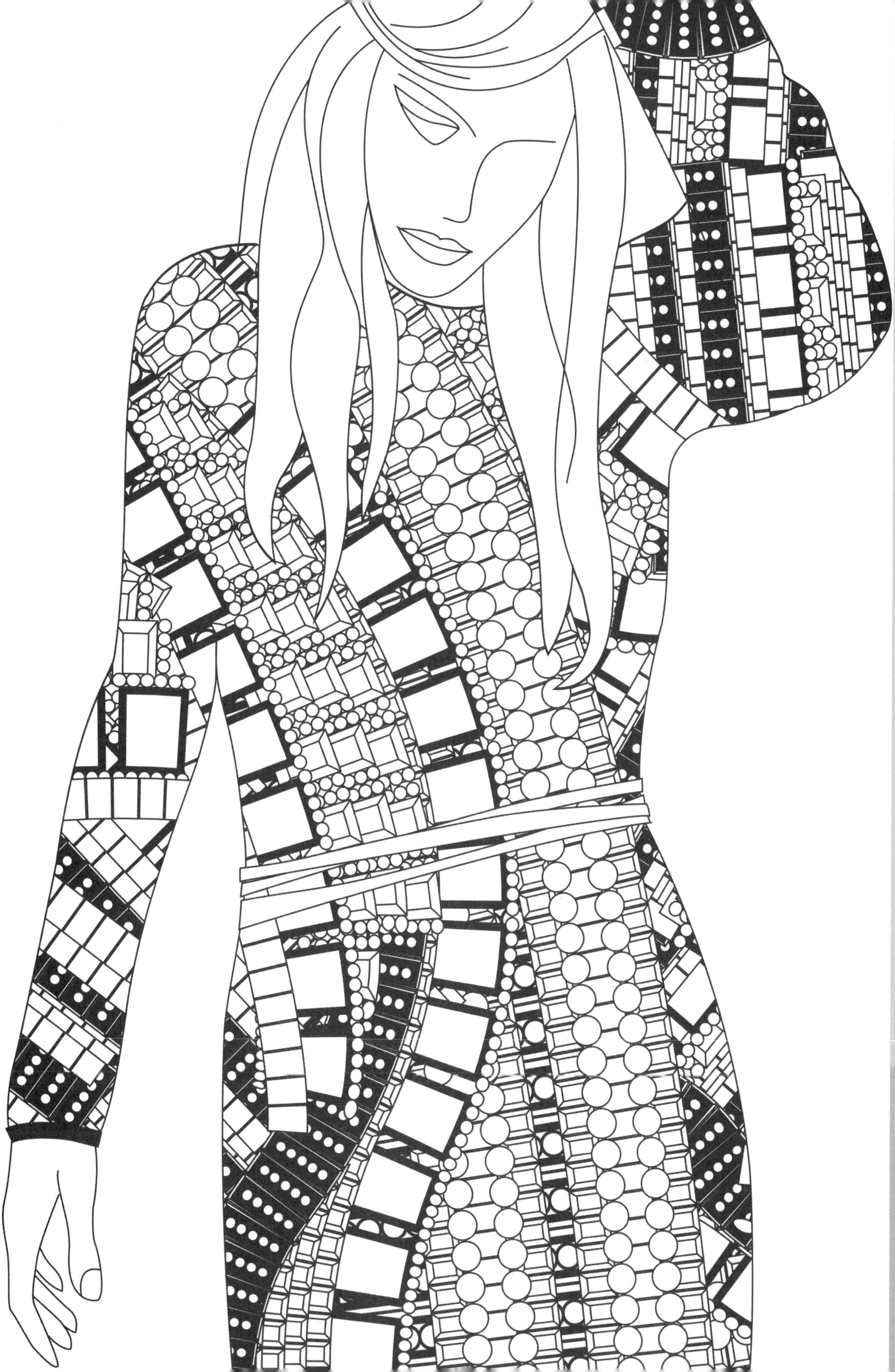

Jeong Daun & Lim Jiah

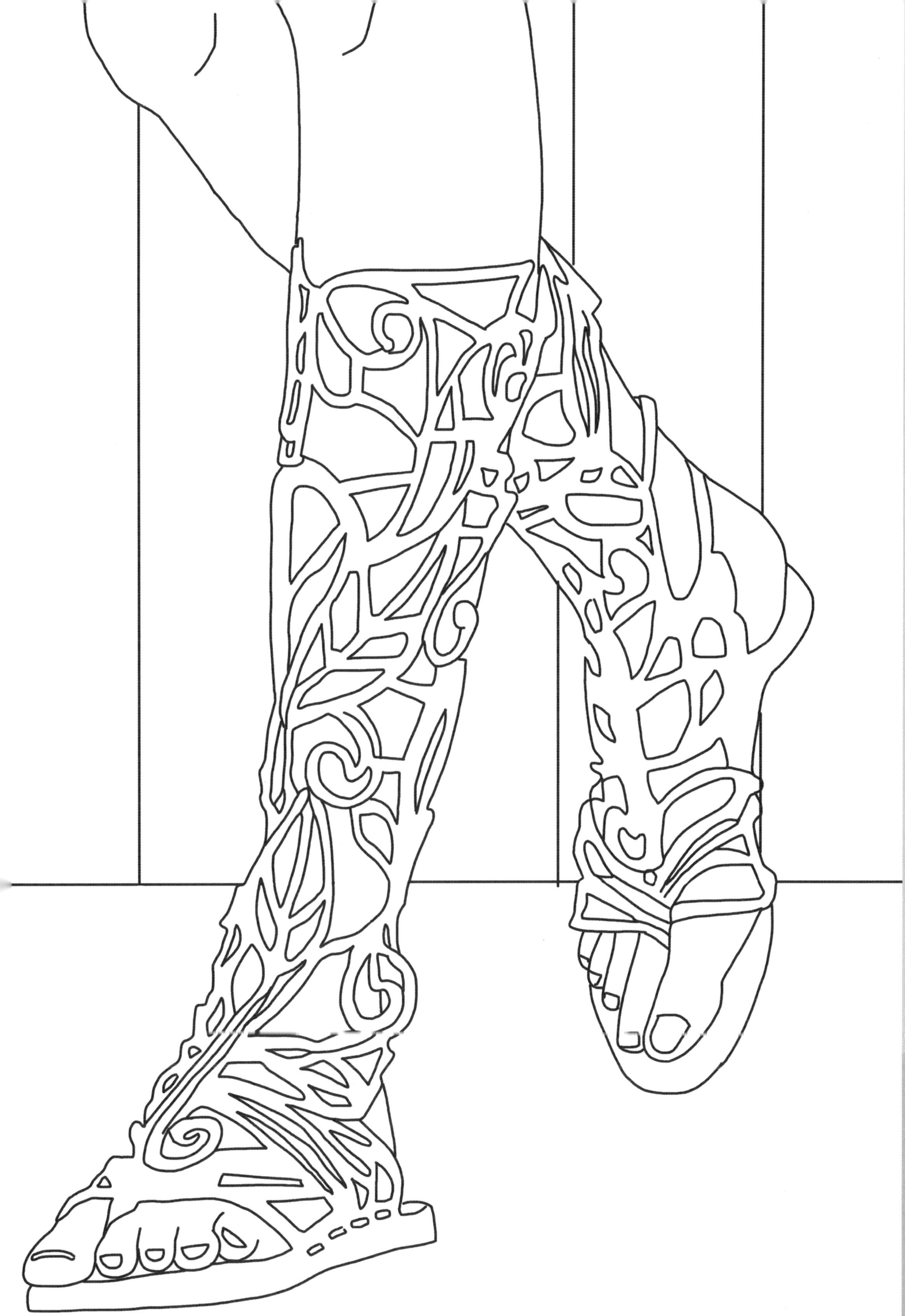

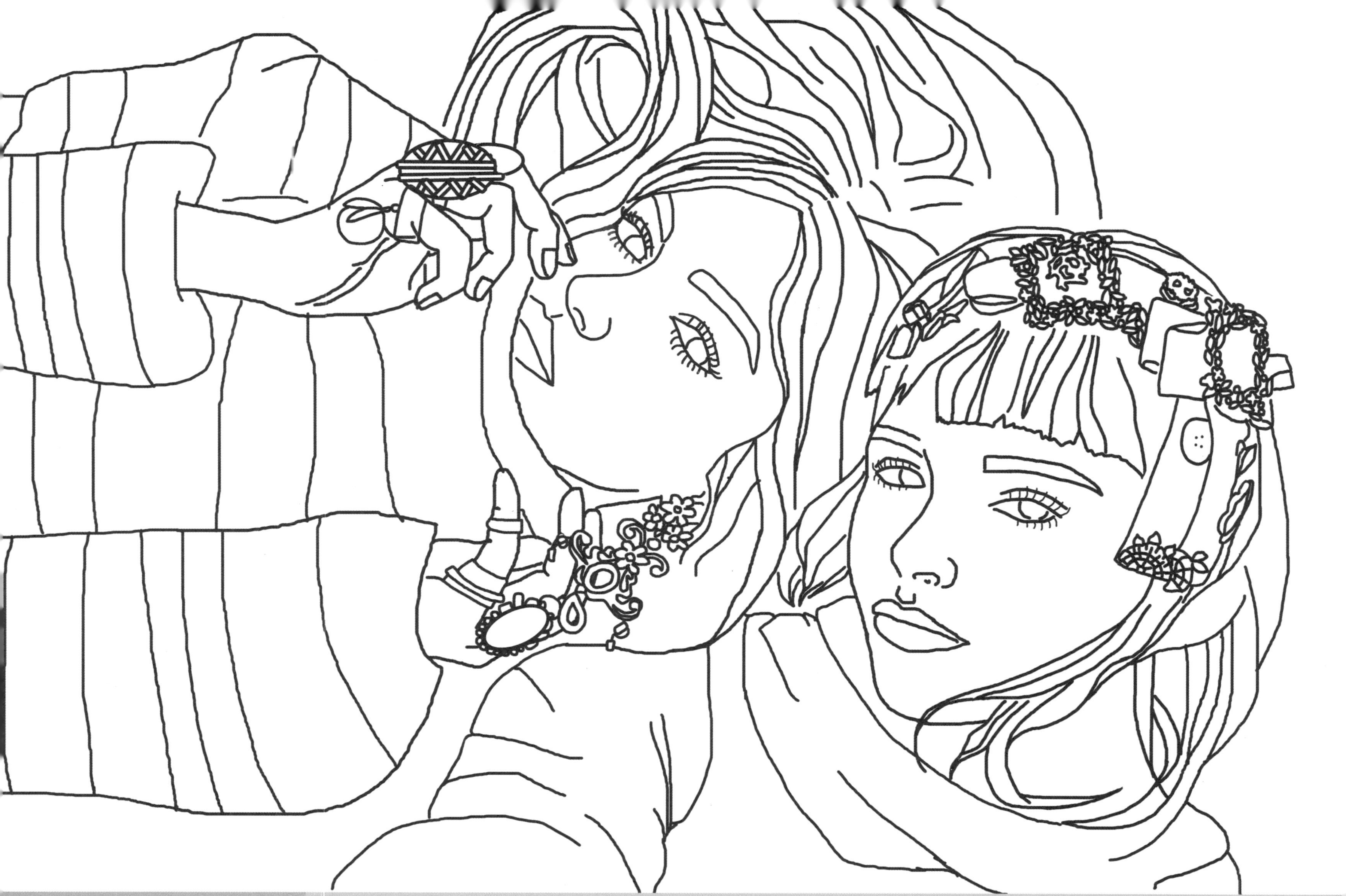

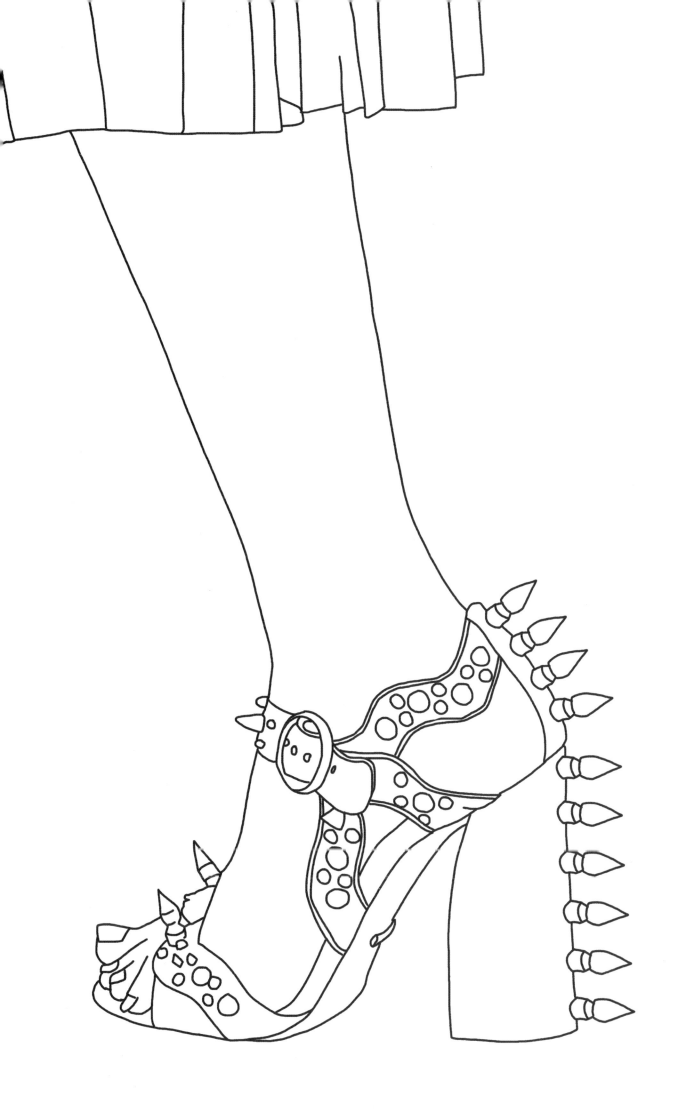

Fashion Coloring Book

COLOR WEEK

2017년 2월 20일 인쇄
2017년 2월 25일 발행

저자 : 임지아·정다운·강수빈·최승주·김지은·변혜진
펴낸이 : 이정일

펴낸곳 : 도서출판 **일진사**
www.iljinsa.com

(우)04317 서울시 용산구 효창원로 64길 6
대표전화 : 704-1616, 팩스 : 715-3536
등록번호 : 제1979-000009호(1979.4.2)

값 15,000원

ISBN : 978-89-429-1513-2